气象灾害应急避险简明手册
——道路结冰

历象 编

图书在版编目（CIP）数据

气象灾害应急避险简明手册．道路结冰／历象编．—北京：气象出版社，2018.2
ISBN 978-7-5029-6738-3

Ⅰ.①气… Ⅱ.①历… Ⅲ.①气象灾害－灾害防治－手册②冰害－灾害防治－手册 Ⅳ.①P429-62
②P426.616-62

中国版本图书馆CIP数据核字(2018)第032963号

Qixiang Zaihai Yingji Bixian Jianming Shouce——Daolu Jiebing
气象灾害应急避险简明手册——道路结冰

出版发行：气象出版社			
地　　址：北京市海淀区中关村南大街46号		**邮政编码**：100081	
电　　话：010-68407112（总编室）　010-68408042（发行部）			
网　　址：http://www.qxcbs.com		**E-mail**：qxcbs@cma.gov.cn	
责任编辑：侯娅南		**终　　审**：张　斌	
责任校对：王丽梅		**责任技编**：赵相宁	
封面设计：符　赋			
印　　刷：北京中科印刷有限公司			
开　　本：880 mm×1230 mm　1/64		**印　　张**：0.25	
字　　数：10千字			
版　　次：2018年2月第1版		**印　　次**：2018年2月第1次印刷	
定　　价：5.00元			

本书如存在文字不清、漏印以及缺页、倒页、脱页等，请与本社发行部联系调换

目录

一、什么是道路结冰 ·································· 1

二、事例 ·· 2

三、预警信号及图标 ·································· 4

四、避险措施 ·· 5

一、什么是道路结冰

　　道路结冰是指降水，如雨、雪、冻雨或雾滴，碰到温度低于 0 ℃的地面而出现的积雪或结冰现象，包括冻结的残雪、凸凹的冰辙、雪融水或其他原因的道路积水在寒冷冬季形成的坚硬冰层。在我国易发生在冬季和早春相当长的一段时间内。

二、事例

2012年12月23日,安徽省六安至舒城X005路段因道路结冰发生特大交通事故,事故造成4辆车起火,2辆车侧翻,3人死亡,10余人受伤,事故致六舒路交通中断长达15个小时。

2015年1月31日清晨,一辆安徽牌照的货车路过河南信阳竹竿河大桥时,因道路结冰刹车时打滑,将桥面栏杆撞断10余米后,坠入竹竿河,车内一男一女身亡。

三、预警信号及图标

道路结冰预警信号分三级,分别以黄色、橙色、红色表示。

道路结冰黄色预警信号

标准:当路表温度低于0 ℃,出现降水,12小时内可能出现对交通有影响的道路结冰。

道路结冰橙色预警信号

标准:当路表温度低于0 ℃,出现降水,6小时内可能出现对交通有较大影响的道路结冰。

道路结冰红色预警信号

标准:当路表温度低于0 ℃,出现降水,2小时内可能出现或者已经出现对交通有很大影响的道路结冰。

四、避险措施

⊙ 注意添衣保暖,少骑自行车或电动车,尽量乘坐公共交通工具。

⊙ 走路最好穿防滑鞋,注意远离或避让机动车和非机动车。

⊙ 不要在结冰的操场或空地上玩耍、散步或锻炼身体,尤其是儿童和老人。

⊙ 驾驶人员要采取防滑措施，安装轮胎防滑链或给轮胎适当放气。听从交警指挥，慢速行驶，防止侧滑。

⊙ 路滑跌倒导致扭伤或碰伤时,应及时去医院治疗。

⊙ 如果跌倒造成骨折,无专业救护知识的人员不要随意移动伤者,立即拨打 120 急救电话请求救护。